BEI GRIN MACHT SICH IHR
WISSEN BEZAHLT

- Wir veröffentlichen Ihre Hausarbeit,
  Bachelor- und Masterarbeit

- Ihr eigenes eBook und Buch -
  weltweit in allen wichtigen Shops

- Verdienen Sie an jedem Verkauf

Jetzt bei www.GRIN.com hochladen
und kostenlos publizieren

Bibliografische Information der Deutschen Nationalbibliothek:

Die Deutsche Bibliothek verzeichnet diese Publikation in der Deutschen National-
bibliografie; detaillierte bibliografische Daten sind im Internet über http://dnb.d-
nb.de/ abrufbar.

Impressum:

Copyright © 2002 GRIN Verlag
Druck und Bindung: Books on Demand GmbH, Norderstedt Germany
ISBN: 9783656520207

Natalie Kulenko

Simulationsmethoden zur Berechnung des "Value at Risk". Historische Simulation und "Monte-Carlo-Simulation"

GRIN Verlag

GRIN - Your knowledge has value

Der GRIN Verlag publiziert seit 1998 wissenschaftliche Arbeiten von Studenten, Hochschullehrern und anderen Akademikern als eBook und gedrucktes Buch. Die Verlagswebsite www.grin.com ist die ideale Plattform zur Veröffentlichung von Hausarbeiten, Abschlussarbeiten, wissenschaftlichen Aufsätzen, Dissertationen und Fachbüchern.

Besuchen Sie uns im Internet:

http://www.grin.com/

http://www.facebook.com/grincom

http://www.twitter.com/grin_com

UNIVERSITÄT ZU KÖLN

Seminar für Wirtschafts- und Sozialstatistik

Hauptseminar im Wintersemester 2002/2003

Themenbereich II:

Statistische Aspekte des Value at Risk

Prof. Dr. Karl Mosler

Prof. Dr. Friedrich Schmid

Thema 4:

Simulationsmethoden zur Berechnung des Value at Risk:

Historische Simulation und Monte-Carlo-Simulation

Vorgelegt von:

Natalie Kulenko

8. Semester BWL

7. Semester Mathematik

Mathildenstrasse 20,

51149 Köln

Matr.-Nr.: 3308251

Tel: 02203 911 220

Inhaltsverzeichnis

Abbildungsverzeichnis

Tabellenverzeichnis

1 Einleitung

Der Wert eines Portfolios von Finanzanlagen wird durch verschiedene Risikofaktoren be-
einflusst. Diese Risikofaktoren sind diverse Marktpreise wie Aktienkurse, Zinssätze, Wech-
selkurse etc. An den Wertänderungen des Portfolios, d.h. Gewinnen oder Verlusten, kann
die Abhängigkeit von den Risiken gemessen werden. Ein verbreitetes Maß zur Messung der
Marktrisiken ist der *Value at Risk* (VaR). Kurz gefasst mißt VaR den größtmöglichen Verlust aus einem Portfolio über eine Zeitperiode mit einer gegebenen Wahrscheinlichkeit. VaR
ist ein *monetäres Maß* , das die verschiedenen Marktrisiken in eine Kennzahl komprimiert.
Deswegen eignet sich der VaR dafür, den Informationsbedarf der Unternehmensleitung,
der Aktionäre und Investoren zu decken.

Der VaR wird aus einem Quantil einer Verteilung von Portfolio-Wertänderungen berechnet.
Wenn die genaue Verteilung nicht bekannt ist, wird sie durch eine Häufigkeitsverteilung
der simulierten Wertänderungen approximiert. Damit befassen sich *Simulationsmodelle*:
historische Simulation, bei der die Wertänderungen aus den historischen Daten abgele-
sen werden, und Monte-Carlo-Simulation, die das Verhalten der Risikofaktoren durch die
Erzeugung der zufälligen Preispfaden an Hand eines stochastischen Modells simuliert.

Nach einer kurzen Definition und Beschreibung der Modelle zur Bestimmung des VaR in
Kapitel 2 werden in dieser Arbeit die Simulationsmodelle genauer untersucht. In Kapitel
3 werden zwei Varianten der historischen Simulation, der Portfolio- und der Faktoransatz dargestellt und an einem Beispiel verdeutlicht. In Kapitel 4 werden die Monte-Carlo-
Simulation allgemein und an einem theoretischen und empirischen Beispiel der geometri-
schen Brownschen Bewegung betrachtet. Dabei werden auch Methoden der Generierung
der Zufallszahlen dargestellt. Außerdem wird in der Arbeit auf die Vor- und Nachteile der
beiden Modelle eingegangen.

2 Value at Risk: Definition und Methoden

2.1 Definition

Man betrachte ein Portfolio, dessen Wert zum Zeitpunkt t^1, w_t, über eine Funktion g_t von
J verschiedenen Risikofaktoren abhängt:

$$w_t = g_t(S_{1,t}, S_{2,t}, \ldots, S_{J,t}) = g_t(\mathbf{S}_t), \quad t = \ldots, -2, -1, 0, \ldots, T.$$

---

[1]Der diskrete Zeitindex t steht dabei z.B. für Handelstage oder für Jahre.

Dabei bezeichnet $S_{j,t}$ den Wert des j-ten Risikofaktors zum Zeitpunkt t. $t = 0$ steht für den gegenwärtigen und $t = T$ für den zukünftigen Zeitpunkt. Die J Risikofaktoren werden zum J-dimensionalen (Spalten-)Vektor

$$\mathbf{S}_t = (S_{1,t}, S_{2,t}, \dots, S_{J,t})'$$

zusammengefasst.

Die Wertänderung des Portfolios mit konstant gehaltenen Positionen (Mengen) innerhalb eines Zeitintervalls $[0, T]$ kann dann wie folgt berechnet werden

$$\pi_{0,T} = w_T - w_0 = g_T(\mathbf{S}_T) - g_0(\mathbf{S}_0).$$

Dabei können sich die Risikofaktoren von $\mathbf{S}_0$ zu $\mathbf{S}_T$ sowie die Bewertungsfunktion von g_0 zu g_T ändern.

Bei einem einfachen Portfolio mit J Positionen inländischer Aktien und den konstant gehaltenen Mengen

$$\mathbf{b} = (b_1, b_2, \dots, b_J)'$$

gilt

$$w_t = \sum_{j=1}^{J} b_j S_{j,t} = \mathbf{b}' \mathbf{S}_t$$

und somit ergibt sich die Wertänderung von $t = 0$ nach $t = T$ als

$$\pi_{0,T} = w_T - w_0 = \mathbf{b}'(\mathbf{S}_T - \mathbf{S}_0).$$

In diesem Spezialfall hängt $\pi_{0,T}$ linear von den zukünftigen Werten der Risikofaktoren ab und es gilt $g_T(\mathbf{S}) = g_0(\mathbf{S}) = \mathbf{b}'\mathbf{S}$.

Die Portfolio Wertänderung $\pi_{0,T}$ ist zum Zeitpunkt $t = 0$ unbekannt und wird durch eine Zufallsvariable mit einer zugehörigen Verteilungsfunktion F_π modelliert. Im Rahmen der VaR-Bestimmung wird diese Verteilung für die Wertänderungen, d.h. für den zukünftigen Gewinn, falls $\pi_{0,T} > 0$, oder Verlust, falls $\pi_{0,T} < 0$, gesucht.

Der *Value at Risk* $VaR = VaR(0, T, \alpha)$ eines Portfolios zum Zeitpunkt 0 ist der maximale Verlust, der für die Haltedauer T mit Wahrscheinlichkeit $1 - \alpha$ eintreten kann[2]. Er wird definiert durch

$$Pr[\pi < -VaR(0, T, \alpha)] = \alpha \Leftrightarrow Pr[\pi \geq -VaR(0, T, \alpha)] = 1 - \alpha$$

---

[2]Vgl. [5] Jorion, P. (2001). S. 22; [7] Rachev, S. (2000). S, 468; [1] Best, P. (1998). S. 10.

Formal lässt sich der VaR als das mit - 1 multiplizierte α-Quantil der Portfolio-Wertänderung $\pi_{0,T}$ bestimmen, d.h.

$$VaR(0, T, \alpha) \equiv -F_\pi^{-1}(\alpha).$$

Dabei ist die *verallgemeinerte inverse Verteilungsfunktion* $F_\pi^{-1}(\alpha)$ gegeben durch:

$$F_\pi^{-1}(\alpha) \equiv \inf\{x | F_\pi(x) \geq \alpha\}.$$

Im Falle einer stetigen Zufallsvariable mit Dichtefunktion $f_\pi(x)$ ergibt sich das α-Quantil gemäß:

$$F_\pi(-VaR) = \int_{-\infty}^{-VaR} f_\pi(x)dx = \alpha$$

Das *Wahrscheinlichkeitsniveau* $1 - \alpha$ ist eine Zahl in der Nähe von Eins, z.B. 0,95 oder 0,99. Die *Haltedauer* T kann beliebig lang sein. In der Praxis variert sie zwischen einem und zehn Handelstagen und hängt von der Liquidationszeit des Portfolios ab[3].

2.2 Methoden

Es sind verschiedene Methoden zur Ermittlung des VaR entwickelt worden. Man kann sie in zwei Gruppen unterteilen[4].

Im Rahmen von **parametrischen Modellen** wird für die Risikofaktoren eine bestimmte parametrische Wahrscheinlichkeitsverteilung angenommen und daraus die Wahrscheinlichkeitsverteilung der Portfoliowertänderungen gefolgert. Der VaR ergibt sich aus dem Quantilswert durch Inversion der Verteilungsfunktion F_π der Portfolio-Wertänderung. Weit verbreitet sind Modelle, die auf einer Normalverteilungsannahme basieren, z.B. Portfolio-Normal Value at Risk, Asset-Normal Value at Risk. Allerdings ist die Normalverteilungsannahme nicht immer realistisch und führt zu verfälschten Ergebnissen.

Im Rahmen von **Simulationsmodellen** werden Szenarien der Wertänderungen der Risikofaktoren simuliert. Daraus wird eine Häufigkeitsverteilung der simulierten Portfolio-Wertänderungen erzeugt. Diese kann als Verteilung der potentiellen zukünftigen Wertänderungen interpretiert werden. Weiterhin kann man nach der Erzeugung der Szenarien der Risikofaktoren-Wertänderungen unterscheiden zwischen:

- *historischer Simulation*: Ableitung der Szenarien aus den Vergangenheitsdaten.

- *Monte-Carlo-Simulation*: Generierung der Szenarien auf der Grundlage eines stochastischen Modells.

---

[3]Vgl. [8] Read, O. (1998), S. 16; [7] Rachev, S. (2000), S. 479.
[4]Vgl. [8] Read, O. (1998), S. 30, 33.

Da die exakte Verteilungsfunktion der Portfolio-Wertänderungen F_π bei Simulationsmodellen nicht bekannt ist, wird sie durch die *empirische Verteilungsfunktion* $\hat{F}_\pi$ geschätzt. Dabei gilt für die Intervalle der Form $(\infty, x]$: $\hat{F}$ an der Stelle x

$$\hat{F}(x) = \frac{\sharp\{i|x_i \leq x\}}{n}$$

ist ein Schätzwert für

$$F(x) = Pr[\pi_{0,T} \leq x].$$

Um den VaR zu schätzen, bestimmt man eine entsprechende Stelle $\hat{Q}_\alpha$ der empirischen Verteilung als Schätzwert für Q_α. Praktisch bedeutet dies, aus den geordneten Werten

$$\pi_{1:n} \leq \pi_{2:n} \leq \ldots \leq \pi_{n:n}$$

$\hat{Q}_\alpha$ so zu bestimmen, daß möglichst genau $100\alpha\%$ der Werte links von $\hat{Q}_\alpha$ und $100(1-\alpha)\%$ der Werte rechts von $\hat{Q}_\alpha$ liegen[5].

3 Historische Simulation

3.1 Konzept

Die Grundidee der historischen Simulation besteht darin, potentielle Wertänderungen des Portfolios aus den historischen Reihen von Risikofaktoren und der gegebenen Portfoliostruktur zu berechnen. Es wird implizit angenommen, daß die gemeinsame Wahrscheinlichkeitsverteilung der Risikofaktoren mit der gemeinsamen historischen Häufigkeitsverteilung gleichgesetzt werden kann.

In Anlehnung an HUSCHENS[6] werden im folgenden zwei unterschiedliche Ansätze der historischen Simulation dargestellt: ein *Portfolioansatz* und ein *Faktoransatz* . Beim Portfolioansatz erfolgt eine Neubewertung des Portfolios mit historischen Preisen, und aus diesen fiktiven Werten werden dann Wertänderungen des gesamten Portfolios berechnet. Beim Faktoransatz simuliert man zuerst potentielle Änderungen der Risikofaktoren aus den jeweiligen historischen Änderungen. Daraus wird eine Verteilung der Risikofaktoren für den interessierenden Zeitpunkt erzeugt, und aus dieser ergeben sich die Wertänderungen des Portfolios.

Weiterhin kann zwischen *Differenzensimulation* und *Ratensimulation* unterschieden werden. Beim ersten Verfahren werden die historischen *absoluten* Änderungen (Differenzen) von Risikofaktoren oder Portfoliowerten verwendet, um von diesen auf eine zukünftige

---

[5]Vgl. [4] Huschens, S. (2000), S. 14.
[6]Vgl. [4] Huschens, S. (2000), S. 6-7.

absolute Änderung zu schließen. Beim zweiten Verfahren werden die historischen *relativen* Änderungen verwendet, um aus diesen zunächst zukünftige relative Änderungen zu simulieren. Durch Multiplikation der relativen Änderungen mit dem aktuellen Niveau ergeben sich simulierte zukünftige absolute Änderungen.

In Tabelle 1 folgt eine Übersicht über die Ansätze der historischen Simulation. Dabei kann beim Faktoransatz für einen Teil der Risikofaktoren Differenzensimulation und für den anderen Teil Ratensimulation durchgeführt werden.

Tabelle 1: *Übersicht über Ansätze historischer Simulation*

Ansätze historischer Simulation				
Portfolioansatz		Faktoransatz		
Differenzen-	Raten-	Differenzen-	Raten-	gemischter
simulation	simulation	simulation	simulation	Ansatz

Quelle : [4] Huschens, S. (2000), S. 7.

3.1.1 Portfolioansatz

Für die historische Simulation macht man zunächst zwei grundsätzliche Annahmen[7]:

1. Die Portfoliostruktur in der Vergangenheit ist konstant.

2. Trends der vergangenen Änderungen werden in der Zukunft anhalten.

Der Portfolioansatz setzt eine im Zeitablauf konstante Abhängigkeit des Portfoliowertes von den Risikofaktoren voraus, d.h.

$$g_T = g_0 = g.$$

Der Ansatz basiert auf einer *Neubewertung des Portfolios mit historischen Werten der Risikofaktoren* und vollzieht sich in vier Schritten[8].

Schritt 1. Wähle den zukünftigen Zeitpunkt T und das Konfidenzniveau $1 - \alpha$, für die der VaR berechnet werden soll, und die Länge des Zeithorizonts K[9].

Schritt 2. Berechne die fiktiven Portfoliowerte[10] für $t < 0$

$$w_t = g(\mathbf{S}_t), \qquad t = -(K-1) - T, \ldots, -2, -1.$$

---

[7]Vgl. [4] Huschens, S. (2000), S. 7; [2] Dowd, K. (1998), S. 99; [7] Rachev, S. (2000), S. 473.

[8]Vgl. [4] Huschens, S. (2000), S. 7-9.

[9]In der Praxis variiert K zwischen 100 Tagen und 3 oder mehr Jahren.

[10]Diese Portfoliowerte sind insofern fiktiv, als unveränderte Portfoliopositionen für die Vergangenheit unterstellt werden.

Schritt 3. Aus der im Schritt 2 erzeugten historischen Reihe von Portfoliowerten berechne die Wertänderungen $\pi_{0,T}^i$, $i = 1, \ldots, K$.

Dazu berechne bei der *Differenzensimulation* die Differenzen aus Portfoliowerten, die jeweils T Perioden auseinanderliegen,

$$\triangle_T w_t = w_t - w_{t-T}, \qquad t = -(K-1), \ldots, -1, 0.$$

Sie werden als potentielle zukünftige Wertänderungen des Portfolios interpretiert, d.h.

$$\pi_{0,T}^i = \triangle_T w_{-(K-i)}, \qquad i = 1, \ldots, K.$$

Bei der *Ratensimulation* besteht die Möglichkeit, mit diskreten oder stetigen Änderungsraten (*Renditen*) zu rechnen. Aus K *diskreten* Änderungsraten

$$\mathcal{R}_T w_t = \frac{w_t - w_{t-T}}{w_{t-T}} = \frac{w_t}{w_{t-T}} - 1, \qquad t = -(K-1), \ldots, -1, 0$$

berechne durch Umformung K potentielle Wertänderungen

$$
\begin{aligned}
\pi_{0,T}^i &= w_T - w_0 \\
&= (1 + \mathcal{R}_T w_{-(K-i)}) w_0 - w_0, \qquad i = 1, \ldots, K.
\end{aligned}
$$

Bei der Ratensimulation mit *stetigen* Raten

$$\triangle_T ln(w_t) = ln(w_t) - ln(w_{t-T}) = ln\left(\frac{w_t}{w_{t-T}}\right)$$

ergibt sich der Portfoliowert durch

$$w_t = e^{\triangle_T ln(w_t)} w_{t-T} = \frac{w_t}{w_{t-T}} w_{t-T} = (1 + \mathcal{R}_T w_t) w_{t-T}, \qquad t = -(K-1), \ldots, -1, 0.$$

Da letztlich nur die Quotienten $\frac{w_t}{w_{t-T}}$ für die Prognoseverteilung maßgebend sind, sind die Berechnungswege über die stetigen und die diskreten Änderungsraten äquivalent.

Schritt 4. Die im Schritt 3 berechneten K potentiellen Wertänderungen

$$(\pi_{0,T}^1, \pi_{0,T}^2, \ldots, \pi_{0,T}^K)$$

bilden die Prognoseverteilung für die zukünftige Wertänderung $\pi_{0,T}$. Bestimme das α-Quantil dieser Verteilung und den Value at Risk.

3.1.2 Faktoransatz

Die zukünftige Wertänderung

$$\pi_{0,T} = w_T - w_0 = g_T(\mathbf{S}_T) - w_0$$

hängt von der zum Zeitpunkt $t = 0$ unbekannten Grösse der Risikofaktoren ab. Beim Faktoransatz erzeugt man zuerst auf der Basis historischer Werte der Risikofaktoren K potentielle zukünftige Werte $\mathbf{S}_T^i$ $(i = 1, \ldots, K)$, aus denen man dann K potentielle Portfoliowerte $g_T(\mathbf{S}_T^i)$ $(i = 1, \ldots, K)$ und K potentielle Wertänderungen

$$\pi_{0,T}^i = g_T(\mathbf{S}_T^i) - w_0, \qquad i = 1, \ldots, K$$

erhält[11]. Diese Vorgehensweise bezeichnet man auch als Full Valuation[12].

Der Faktoransatz vollzieht sich in folgenden Schritten.

Schritt 1. Wie beim Portfolioansatz bestimme zunächst das Konfidenzniveau $1 - \alpha$, den Zielzeitpunkt T und den Zeithorizont K.

Schritt 2. Bestimme für jeden Risikofaktor die potentiellen Werte $S_{T,j}^i$ für $j = 1, \ldots, J$ und $i = 1, \ldots, K$. Es kann dabei die Differenzen- oder die Ratensimulation eingesetzt werden.

Im Fall der *Differenzensimulation* berechne für jeden Risikofaktor die K historischen Differenzen

$$\triangle_T S_{t,j} = S_{t,j} - S_{t-T,j}, \qquad t = -(K-1), \ldots, -1, 0,$$

die als potentielle zukünftige Änderungen dieses Risikofaktors aufgefaßt werden. Somit ergeben sich K potentielle zukünftige Risikofaktoren

$$S_{T,j}^i = S_{0,j} + \triangle_T S_{-(K-i),j}, \qquad i = 1, \ldots, K.$$

Bei der *Ratensimulation* berechne die historischen Änderungsraten der Risikofaktoren

$$\mathcal{R}_T S_{t,j} = \frac{S_{t,j} - S_{t-T,j}}{S_{t-T,j}}, \qquad t = -(K-1), \ldots, -1, 0, \quad j = 1, \ldots, J,$$

die als potentielle Werte für die zukünftige Änderungsrate interpretiert werden. Daraus berechne K potentielle zukünftige Risikofaktoren durch

$$S_{T,j}^i = S_{0,j}(1 + \mathcal{R}_T S_{-(K-i),j}), \qquad i = 1, \ldots, K.$$

Schritt 3. Berechne für $i = 1, \ldots, K$ aus dem Vektor potentieller Risikofaktoren $\mathbf{S}_T^i$ den potentiellen Portfoliowert $g_T(\mathbf{S}_T^i)$ und die potentielle Wertänderung

$$\pi_{0,T}^i = g_T(\mathbf{S}_T^i) - w_0.$$

---

[11]Vgl. [4] Huschens, S. (2000), S. 9-10.
[12]Vgl. [5] Jorion, P. (2001), S. 210.

Schritt 4. Bestimme schließlich aus der gebildeten Prognoseverteilung

$$(\pi_{0,T}^1, \pi_{0,T}^2, \dots, \pi_{0,T}^K)$$

das gesuchte α-Quantil und $VaR(0, T, \alpha)$.

Im Allgemeinen führen Faktor- und Portfolioansatz zu unterschiedlichen Verteilungen für die zukünftigen Wertänderungen und damit zu unterschiedlichen VaR-Schätzungen. Nur im Falle einer einfachen linearen Portfoliostruktur führen sie zu gleichen Ergebnissen, wenn ausschließlich die Differenzensimulation verwendet wird[13].

3.2 Ein Beispiel zur historischen Simulation

Man betrachte ein Portfolio von 2000 Aktien der BASF AG, 1000 Aktien der Bayer AG und 3000 Aktien der Allianz AG (Tabelle 2). Der aktuelle Zeitpunkt sei der 01.01.2002. Es soll der maximale Verlust aus dem Portfolio berechnet werden, der für die Haltedauer von einem Tag mit einer Wahrscheinlichkeit von 99% eintreten kann, d.h. VaR(0, 1, 0.01)[14].

Tabelle 2: *Portfoliostruktur*

Firma	Aktuelle Kurse in DM*	Stückzahl	Tagesvolumen, DM
BASF AG	488,40	2000	976.800,00
Bayer AG	364,90	1000	364.900,00
Allianz AG	282,40	3000	847.200,00
Summe			2.188.900,00

Quelle: <www.uni-koeln.de/wiso-fak/wisostatsem/hauptstudium/dax.xls>,
Zugriff am 10.07.2002.

Es wird eine Faktorsimulation in Verbindung mit der Differenzensimulation durchgeführt. Sei dazu $K = 500$, d.h. die Simulation wird an Hand der 500 historischen Differenzen aus den vorangegangenen Börsentagen durchgeführt. Der Wert des Portfolios zum Zeitpunkt t ist

$$w_t = g(\mathbf{S}_t) = \sum_{j=1}^3 b_j S_{j,t} = \mathbf{b}'\mathbf{S}_t \,,$$

wobei $\mathbf{b}' = (b_1, b_2, b_3)' = (2000, 1000, 3000)'$ die konstant gehaltenen Mengen der Aktien bezeichnet.

---

[13]Vgl. [4] Huschens, S. (2000), S. 7.

[14]Der Verlust wird hier in DM gemessen. Die Währungsumstellung wird zur Vereinfachung außer Acht gelassen.

Abbildung 1: *Portfoliowerte*

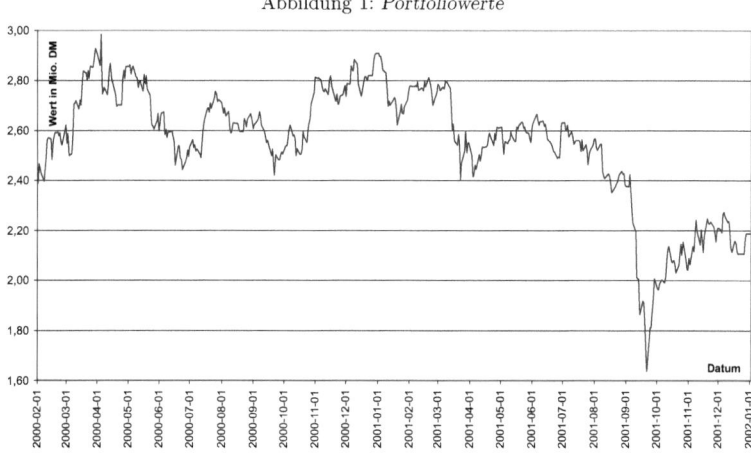

Abbildung 2: *Absolute Wertänderung des Portfolios*

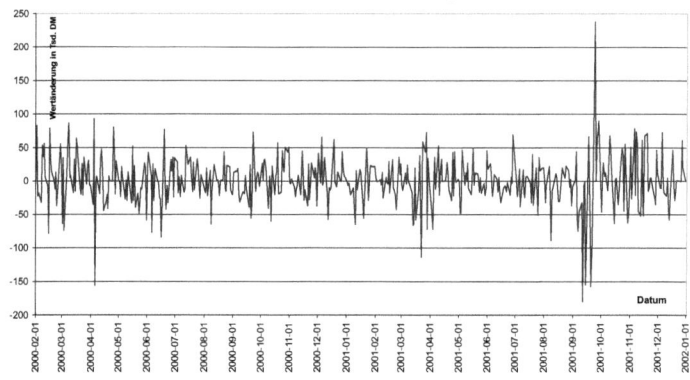

Abbildung 1 gibt eine Übersicht über die Wertentwicklung des Portfolios während des Zeitraums 01.02.2000 - 01.01.2002. Die absoluten Portfolio-Wertänderungen sind Abbildung 2 zu entnehmen.

Nach 500 Schritten erhälten wir eine Häufigkeitsverteilung der potentiellen Portfolio-Wertänderungen, die im Histogramm abgebildet ist. Bei 500 Beobachtungen und einem Konfidenzniveau von 99% entspricht der Value at Risk dem sechstgrößten Verlust aus dem Portfolio (1% von 500 sind 5 Beobachtungen.), d.h. in diesem Fall

$$VaR(0, 1, 0.01) = 106.700, 00DM.$$

Abbildung 3: *Histogramm zur historischen Simulation*

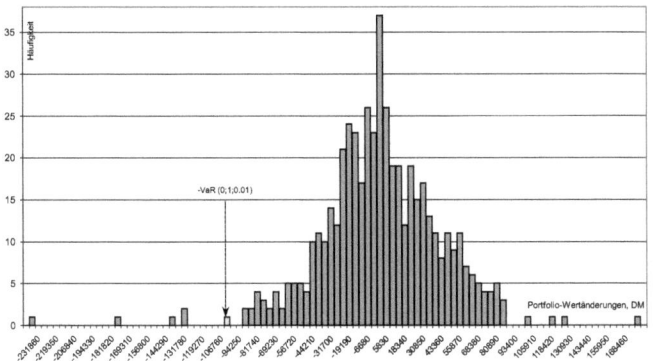

Tabelle 3: *Statistiken der Portfolio-Wertänderungen (historisch)*

Minimum, %	-10.97	Standardab., %	1.88	0.75-Quantil,%	1.08
Maximum, %	8.08	0.25-Quantil, %	-1.04	Schiefe	-0.49
Mittelwert, %	-0.02	0.5-Quantil, %	0.00	Kurtosis	3.51

Die historische Simulation liefert außerdem andere Statistiken zu Portfolio-Wertänderungen (Tabelle 3), wie z.b. Schiefe = -0,49, was auf eine linksschiefe Verteilung hindeutet.

3.3 Vor- und Nachteile der historischen Simulation

Der Ansatz der historischen Simulation hat eine Reihe von Vorteilen[15]:

- Die Methode ist sehr intuitiv, der mathematische Aufwand ist nicht groß was den Ansatz verständlich macht.

- Die technische Implementierung ist relativ einfach, wenn historische Daten hausintern gespeichert worden sind.

- Die Methode ist *nichtparametrisch*, sie hängt nicht von den Annahmen über die Wahrscheinlichkeitsverteilung der Wertänderungen, wie z.B. Normalverteilung ab. Es müssen keine Parameter wie Korrelationen, Volatilitäten u.a. geschätzt werden, denn historische Volatilitäten und Korrelationen sind bereits im Datensatz reflektiert.

---

[15]Vgl. [2] Dowd, K. (1998), S. 99-100; [5] Jorion, P. (2001), S. 222-223; [1] Best, P. (1998), S. 32-33; [7] Rachev, S. (2000), S. 482.

- Die Methode kann bei fast jedem Typ von Portfoliopositionen und bei jeder Art von Marktrisiko angewendet werden.

- Die Methode liefert andere nützliche Statistiken als Nebenprodukt wie z.b. VaR zu anderen Konfidenzniveaus.

Allerdings hat die Methode der historischen Simulation auch ihre Schwächen[16]:

- Es kann ein Problem sein, die historischen Daten zu bekommen. Es werden vergangene Werte der Risikofaktoren benötigt. Schwierigkeiten gibt es bei neuen Märkten und nicht beobachtbaren Grössen.

- Ein sehr ernstes Problem ist die komplette Abhängigkeit der Simulationsergebnisse von den verwendeten Daten. Die Annahme, daß die Zukunft sich der Vergangenheit ähnelt, ist besonders problematisch, wenn bestimmte Marktgegebenheiten aus der Vergangenheit nicht mehr vorliegen.

- Ein weiteres Problem ist die Länge der historischen Beobachtungsperiode. Einerseits braucht man genug Daten, um zuverlässige Schlußfolgerungen z.b. über die Tails der Verteilung ziehen zu können. Andererseits würde eine zu lange Beobachtungsperiode zu viel Gewicht auf alte Entwicklungen legen und wäre unempfindlicher für neuere Informationen.

4   Monte-Carlo-Simulation

4.1   Konzept

Die Monte-Carlo-Simulation unterscheidet sich von der historischen Simulation dadurch, daß die Szenarien der Risikofaktoren auf der Grundlage eines stochastischen Modells erzeugt werden. Die Idee besteht darin, wiederholt Zufallsprozesse für die interessierenden Risikofaktoren zu generieren. Jede Simulation gibt einen möglichen Wert für das Portfolio am Ende der vorgegebenen Haltungsperiode. Wenn man genug Simulationen durchgeführt hat, konvergiert die simulierte Verteilung der Portfoliowerte gegen die unbekannte "wahre" Verteilung[17].

Die Simulation vollzieht sich in folgenden Schritten[18]:

---

[16]Vgl. [2] Dowd, K. (1998), S. 101-104; [5] Jorion, P. (2001), S. 223-224; [1] Best, P. (1998), S. 35; [7] Rachev, S. (2000), S. 482.

[17]Zu Konvergenz siehe [1] Best, P. (1998), S. 41-43; [5] Jorion, P. (2001), S. 300-301.

[18]Vgl. [7] Rachev, S. (2000), S. 474; [2] Dowd, K. (1998), S. 108.

1. Auswahl von Verteilungen bzw. stochastischen Prozessen für die relevanten Risikofaktoren und Schätzung der zugehörigen Parameter, insbesondere Varianzen und Korrelationen

2. Simulation von Zufallspfaden für die Risikofaktoren

3. Bewertung des Portfolios an Hand der Realisation der Zufallsvariablen für den gewünschten Prognosezeitraum

4. Wiederholung der Schritte 2 und 3 bis eine hinreichende Genauigkeit gegeben ist und die simulierte Verteilung nah genug an der wahren (aber unbekannten) Verteilung ist

5. Berechnung des Value at Risk.

4.2 Monte-Carlo-Simulation für die geometrische Brownsche Bewegung

4.2.1 Simulation mit einer Zufallsvariablen

Der erste und entscheidende Schritt bei der Simulation ist die Auswahl eines bestimmten stochastischen Modells für das Verhalten der Risikofaktoren. Ein häufig benutztes Modell ist die **geometrische Brownsche Bewegung**[19]:

$$S_t = \exp(\alpha + \mu t + \sigma W_t), \quad t \geq 0,$$

wobei $\alpha, \mu \in \mathbb{R}, \sigma > 0$ und $(W_t)_{t \geq 0}$ ein Standard-Wiener-Prozess ist[20]. Kleine Wertänderungen können beschrieben werden durch

$$dS_t = \mu S_t \, dt + \sigma S_t \, dW_t.$$

Die Parameter μ und σ repräsentieren den Drift und die Volatilität des Prozesses.

In der Praxis kann der stetige Prozess durch diskrete Zuwächse in Zeitintervallen der Länge $\triangle t$ approximiert werden[21]. Um eine Reihe von Zufallsvariablen S_i über dem Intervall $[0, T]$ zu generieren, teilt man zunächst $[0, T]$ in n gleiche Teilintervalle der Länge $\triangle t = \frac{T}{n}$. Die Anzahl der Schritte n hängt vom Zeithorizont und der verlangten Genauigkeit ab. Eine kleine Anzahl wird schneller zu implementieren sein, kann aber keine gute Approximation für das stochastische Prozess sein[22].

---

[19]Vgl. [5] Jorion, P. (2001), S. 292-295, 298.
[20]Vgl. [9] Seydel, R. (2000), S. 18.
[21]Vgl. [5] Jorion, P. (2001), S. 293; [9] Seydel, R. (2000), S. 19.
[22]Vgl. [5] Jorion, P. (2001), S. 293.

Seien $S_i := S_{i\triangle t}$, $W_i := W_{i\triangle t}$, $\triangle S_i := S_i - S_{i-1}$ und $\triangle W_i := W_i - W_{i-1}$ für $i = 1, \ldots, n$.

Aus den Eigenschaften des Wiener-Prozesses folgt $\triangle W_i \overset{iid}{\sim} \mathcal{N}(0, \triangle t)$ für $i = 1, \ldots, n$.

Wegen

$$\varepsilon \sim \mathcal{N}(0, 1) \Longrightarrow \varepsilon \cdot \sqrt{\triangle t} \sim \mathcal{N}(0, \triangle t)$$

ist

$$\triangle W_i := \varepsilon \sqrt{\triangle t} \quad \text{mit} \quad \varepsilon \sim \mathcal{N}(0, 1).$$

Somit ist

$$\triangle S_i = S_{i-1}(\mu \triangle t + \sigma \triangle W_i) = S_{i-1}(\mu \triangle t + \sigma \varepsilon \sqrt{\triangle t})$$

ein diskretes Modell für die Wertänderung der Risikofaktoren[23].

Um den Zufallspfad für S zu simulieren, startet man in S_0 und erzeugt eine Sequenz von unabhängigen standardnormalverteilten Epsilons (ε_i) für $i = 1, 2, \ldots, n$. Dann setzt man

$$S_i = S_{i-1} + S_{i-1}(\mu \triangle t + \sigma \varepsilon_i \sqrt{\triangle t}), \qquad i = 1, 2, \ldots, n,$$

bis der Zeithorizont erreicht ist, an dem $S_n = S_T$ ist.

Im nächsten Schritt errechnet man den Wert $w_n = w_T$ und die Wertänderung $\pi_{0,T}$ des Portfolios zum Zielzeitpunkt T. Nach K Wiederholungen[24] erhält man eine Verteilung der Werte $\pi_{0,T}^1, \ldots, \pi_{0,T}^K$, aus der man dann den VaR ablesen kann.

4.2.2 Simulation mit mehreren Zufallsvariablen

In der Praxis hängen Portfolios von mehr als einem Risikofaktor ab. Die Monte-Carlo-Simulation ist auch für solche Portfolios bestens geeignet.

Wenn die Wertänderungen der Risikofaktoren unkorreliert sind, können die Zufallspfade unabhängig für jede Variable simuliert werden[25]:

$$S_{i,j} = S_{i-1,j} + S_{i-1,j}(\mu_j \triangle t + \sigma_j \varepsilon_{i,j} \sqrt{\triangle t}),$$

wobei $\varepsilon_{i,j} \sim \mathcal{N}(0, 1)$ unabhängig für alle $i = 1, \ldots, n$ und $j = 1, \ldots, J$ sind.

Im Allgemeinen sind die Risikofaktoren jedoch korreliert. Um diese Korrelationen in die Simulation einzubeziehen, erzeugt man zunächst unabhängige und unkorrelierte standardnormalverteilte Zufallszahlen $\eta_j, j = 1, \ldots, J$ und transformiert sie dann in die ε_j's, die

---

[23]Vgl. [9] Seydel, R. (2000), S. 23-24.

[24]Für eine zuverlässige Schätzung des VaR sollte die Anzahl der Wiederholungen sehr groß etwa $K = 10000$, sein.

[25]Vgl. [5] Jorion, P. (2001), S. 302-304.

auch standardnormalverteilt sind und die vorgegebene Korrelationsstruktur haben. Für die Transformation kann man zwei Ansätze benutzen: (1) *Cholesky Zerlegung* oder (2) *Eigenwerte und Eigenvektoren* der Korrelationsmatrix der *Renditen* der Risikofaktoren.

Die wichtigsten Schritte der ersten Methode sind[26]:

1. Konstruiere Matrix V, die $J \times J$ Korrelationsmatrix.

2. Konstruiere mittels Cholesky-Zerlegung Matrix A, die $J \times J$ untere Dreiecksmatrix, so daß

$$AA' = V,$$

   wobei A' die Transponierte von A und $A_{i,j} = 0$ für $j > i$ ist.

3. Konstruiere Variable $\varepsilon = A\eta$.

Die Kovarianzmatrix von ε ist

$$Cov(\varepsilon) = E(\varepsilon\varepsilon') = E(A\eta\eta'A') = AE(\eta\eta')A' = ACov(\eta)A' = AIA' = AA' = V.$$

Die Korrelation von zwei Variablen ε_i und ε_j ist dann

$$\rho_{i,j} = \frac{cov(\varepsilon_i, \varepsilon_j)}{\sqrt{var(\varepsilon_i)var(\varepsilon_j)}} = cov(\varepsilon_i, \varepsilon_j) = V_{i,j} \,,$$

d.h. die Werte von ε haben die gewünschte Korrelation.

Man betrachte den Fall mit zwei Risikofaktoren[27]. Es sind zwei Variablen ε_1 und ε_2 zu erzeugen. Sei ρ die Korrelation zwischen den Renditen der Risikofaktoren. Die Korrelationsmatrix kann dann zerlegt werden in

$$\begin{bmatrix} 1 & \rho \\ \rho & 1 \end{bmatrix} = \begin{bmatrix} A_{11} & 0 \\ A_{12} & A_{22} \end{bmatrix} \begin{bmatrix} A_{11} & A_{12} \\ 0 & A_{22} \end{bmatrix} = \begin{bmatrix} A_{11}^2 & A_{11}A_{12} \\ A_{11}A_{12} & A_{12}^2 + A_{22}^2 \end{bmatrix}.$$

Einfache Rechnung ergibt

$$A = \begin{bmatrix} 1 & 0 \\ \rho & (1 - \rho^2)^{1/2} \end{bmatrix},$$

und damit folgt

$$\begin{bmatrix} \varepsilon_1 \\ \varepsilon_2 \end{bmatrix} = \begin{bmatrix} 1 & 0 \\ \rho & (1 - \rho^2)^{1/2} \end{bmatrix} \begin{bmatrix} \eta_1 \\ \eta_2 \end{bmatrix}.$$

[26]Vgl. [5] Jorion, P. (2001), S. 303-304; [6] Picoult, E. (1997), S. 80.
[27]Vgl. [5] Jorion, P. (2001), S. 304.

Schließlich bekommt man nach jeweils n Schritten den potentiellen Wert $S_{T,j}$ für jeden Faktor $j = 1, \ldots, J$ und berechnet einen möglichen Wert w_T des Portfolios zum Zeitpunkt T. Nach K Simulationen erhält man eine Verteilung der Portfolio-Wertänderungen $\pi_{0,T}^1, \ldots, \pi_{0,T}^K$.

Der auf den Eigenwerten basierende Ansatz wird z.b. von PICAULT und BEST beschrieben[28]. Ein praktisches Problem bei beiden Methoden ist die Voraussetzung, daß die Korrelationsmatrix V positiv definit sein muß[29]. Die Gründe für die Nichtpositivdefinitheit können z.b. sein[30]:

- Ein Risikofaktor ist eine Linearkombination der anderen Faktoren.

- Varianzen und Korrelationen werden aus den historischen Reihen verschiedener Längen geschätzt.

- Die Anzahl der Beobachtungen, aus denen die Korrelationen geschätzt werden, ist kleiner als die Anzahl der Risikofaktoren.

4.2.3 Schätzung der Parameter

Der Erwartungswert μ, die Varianz σ^2 und die Korrelation ρ können aus den historischen Reihen der Faktoren geschätzt werden. Es gibt verschiedene Modelle zur Schätzung der Varianzen[31] der Risikofaktoren und ihrer Korrelationen[32], u.a. gleitende Durchschnitte, exponentialgewichtete gleitende Durchschnitte, GARCH.

Im Folgenden soll nur die Methode der **gleitenden Durchschnitte** dargestellt werden[33]. Man betrachtet dazu die Änderungsraten eines Risikofaktors $\mathcal{R}_t$ über eine Zeitperiode der fixierten Länge M. Eine typische Länge ist z.b. 20 Handelstage (etwa ein Kalendermonat) oder 60 Handelstage (etwa ein Kalenderquartal). Die Varianz σ_t^2 der Renditen zum Zeitpunkt t kann geschätzt werden durch

$$\widehat{\sigma}_t^2 = \frac{1}{M} \sum_{i=1}^{M} (\mathcal{R}_{t-i} - \widehat{\mu}_t)^2,$$

wobei $\widehat{\mu}_t$ der durch

$$\widehat{\mu}_t = \frac{1}{M} \sum_{i=1}^{M} \mathcal{R}_{t-i}$$

---

[28]Vgl. [6] Picoult, E. (1997), S. 80; [1] Best, P. (1998), S. 43-47.

[29]Eine $J \times J$ Matrix V ist positiv definit, wenn gilt: $x'Vx > 0$ für alle $x \neq 0$ aus $\mathbb{R}^J$.

[30]Vgl. [5] Jorion, P. (2001), S. 168; [6] Picoult, E. (1997), S. 82.

[31]Vgl. [1] Best, P. (1998), S. 66-74; [5] Jorion, P. (2001), S. 186-189, 193-196; [7] Rachev, S. (2000), S. 476-478.

[32]Vgl. [1] Best, P. (1998), S. 79; [5] Jorion, P. (2001), S. 196-198.

[33]Vgl. [5] Jorion, P. (2001), S. 186.

geschätzte Erwartungswert über dieselbe Zeitperiode ist . Die Kovarianz der Renditen des j-ten und k-ten Faktors wird berechnet durch

$$\widehat{cov}(j,k) = \frac{1}{M} \sum_{i=1}^{M} (\mathcal{R}_{t-i,j} - \widehat{\mu}_{t,j})(\mathcal{R}_{t-i,k} - \widehat{\mu}_{t,k}).$$

Schließlich ergibt sich die Korrelation als

$$\widehat{\rho}_{j,k} = \frac{\widehat{cov}(j,k)}{\widehat{\sigma}_j \cdot \widehat{\sigma}_k} .$$

4.3 Erzeugung der Zufallszahlen

Für die Simulation der Zufallspfade für die Risikofaktoren benötigt man Zufallszahlen, die eine vorgegebene Verteilung haben, d.h. „wenn sie unabhängige Realisierungen einer nach einer Verteilungsfunktion F verteilten Zufallsvariablen sind"[34]. Die Zufallszahlgeneratoren berechnen die Zahlen nach deterministischen, reproduzierbaren Methoden. Deswegen ist die genauere Bezeichnung für die so erzeugten „Zufallszahlen" *Pseudo-Zufallszahlen*. Die Berechnung solcher Zufallszahlen[35] erfolgt in zwei Schritten[36]:

- Generierung der im Intervall $[0,1]$ gleichverteilten Zufallszahlen

- Transformation der erzeugten Zufallszahlen entsprechend der gewünschten Verteilung.

4.3.1 Gleichverteilte Zufallszahlen

Im Allgemeinen generiert man ganzzahlige Werte X_i, die zwischen 0 und einer Zahl m gleichverteilt sind. Zahlen $U_i \sim \mathcal{U}[0,1]$ sind dann definiert durch $U_i = X_i/m$. Für die Erzeugung der X_i können folgende Methoden benutzt werden [37]:

Lineare Kongruenzgeneratoren: Zu Beginn wählt man vier Werte: den Startwert $X_0 \geq 0$, den Multiplikator $a \neq 0$, das Inkrement $b \geq 0$ und den Modul $m > X_0, m > b, m > a$ und berechnet für $i = 1, 2, \ldots$ die Werte nach folgender, rekursiver Gleichung:

$$X_i = (aX_{i-1} + b) \bmod m.$$

Es gilt $X_i \in \{0, 1, \ldots, m-1\}$. Die X_i sind periodisch mit Periode $\leq m$, daher sollte m möglichst groß sein, um bei langer Periode viele verschiedene Zahlen zu erzeugen. Ist die

[34][9] Seydel, R. (2000), S. 35.
[35]Im Folgenden werden mit Zufallszahlen die Pseudo-Zufallszahlen gemeint.
[36]Vgl. [1] Best, P. (1998), S. 40-41.
[37]Vgl. [9] Seydel, R. (2000), S. 36-41; [3] Härtel, F. (1994), S. 39-40, 55, 57.

Periode $= m$, dann sind die Pseude-Zufallszahlen gleichverteilt, wenn man genau m Zahlen benötigt.

Mehrfach rekursive Generatoren: Sie beruhen auf einer Anfangsfolge $X_0, X_1, \ldots, X_r$ für ein $r > 1$. Für eine Primzahl p, $a_r \neq 0$ und $i > 1$ ist dann

$$X_i = (a_1 X_{i-1} + a_2 X_{i-2} + \ldots + a_r X_{i-r}) \bmod p\,.$$

Die Periodenlänge dieser Rekursion kann bedeutend größer sein als bei den linearen Kongruenzgeneratoren, jedoch maximal $p^r - 1$.

Spezialfälle solcher Generatoren sind *Fibonacci-Generatoren*, die für geeignete $r, s \in \mathbb{N}$ mit $r > s$ *(laggs)* und Parameter $a_r = a_s = 1$ $(a_i = 0 \quad \forall i \neq r, s)$ folgende Rekursionsgleichung besitzen $(i > r)$:

$$X_{i+1} := X_{i-s} - X_{i-r} \bmod m\,.$$

4.3.2 Transformierte Zufallsvariable

Für die Transformation der im ersten Schritt erzeugten gleichverteilten Zufallszahlen U_i benutzt man häufig die **Inversionsmethode**[38]. Dazu betrachtet man die U_i's als Punkte auf der kumulativen Verteilungsfunktion F der gewünschten Verteilung. Durch Invertierung der Funktion F bekommt man Zahlen $F^{-1}(U_i)$, die gemäß F verteilt sind. Es gilt nämlich folgendes: $U \sim \mathcal{U}[0,1]$ bedeutet $Pr[U \leq \zeta] = \zeta$ für $0 \leq \zeta \leq 1$. Es folgt

$$Pr[F^{-1}(U) \leq x] = Pr[U \leq F(x)] = F(x).$$

Eine andere Methode ist die **Transformationsmethode**[39]. Sie beruht auf dem *Transformationssatz*:

Es sei X Zufallsvariable auf $\mathbb{R}^n$ mit Dichte $f(x) > 0$ auf dem Träger[40] S. Die Transformation $h : S \longrightarrow B$, $S, B \subset \mathbb{R}^n$, sei umkehrbar eindeutig. $Y := h(X)$ ist die transformierte Zufallsvariable. Die Umkehrabbildung h^{-1} sei stetig differenzierbar auf B. Dann hat Y die Dichte

$$f(h^{-1}(y)) \left| \frac{\partial(x_1, \ldots, x_n)}{\partial(y_1, \ldots, y_n)} \right|\,, \quad y \in B,$$

wobei $x = h^{-1}(y)$ und $\frac{\partial(x_1, \ldots, x_n)}{\partial(y_1, \ldots, y_n)}$ die Determinante der Jacobi-Matrix von $h^{-1}(y)$ ist.

---

[38]Vgl. [9] Seydel, R. (2000), S. 42-43; [3] Härtel, F. (1994), S. 126.

[39]Vgl. [9] Seydel, R. (2000), S. 43-45.

[40]Die kleinste abgeschlossene Menge, die die Menge $\{x \in \mathbb{R} \mid f(x) > 0\}$ enthält, heißt *Träger* von X.

Tabelle 4: *Algorithmus von Box-Muller*

1. Generiere $U_1 \sim \mathcal{U}[0,1]$ und $U_2 \sim \mathcal{U}[0,1]$.

2. $\theta := 2\pi U_2, \quad \rho := \sqrt{-2 \ln U_1}$

3. $Z_1 := \rho \cos\theta$ und $Z_2 := \rho \sin\theta$ sind standard-normalverteilt.

Quelle: [9] Seydel, R. (2000), S. 46.

Man kann den Transformationssatz anwenden, um normalverteilte Zufallsvariablen zu berechnen. Im Folgenden wird die *Methode von Box-Muller* beschrieben[41]. Seien dazu $X_1 \sim \mathcal{U}[0,1]$ und $X_2 \sim \mathcal{U}[0,1]$. Die Funktion $h(x)$ auf $[0,1]^2$ wird definiert durch

$$\begin{cases} y_1 = \sqrt{-2\ln x_1}\cos 2\pi x_2 =: h_1(x_1, x_2) \\ y_2 = \sqrt{-2\ln x_1}\sin 2\pi x_2 =: h_2(x_1, x_2). \end{cases}$$

Die Umkehrfunktion h^{-1} ist

$$\begin{cases} x_1 = \exp\{-\frac{1}{2}(y_1^2 + y_2^2)\} \\ x_2 = \frac{1}{2\pi}\arctan\frac{y_2}{y_1} \end{cases}$$

mit der Determinante der Jacobi-Matrix

$$\begin{aligned}
\frac{\partial(x_1, x_2)}{\partial(y_1, y_2)} &= \det\begin{pmatrix} \frac{\partial x_1}{\partial y_1} & \frac{\partial x_1}{\partial y_2} \\ \frac{\partial x_2}{\partial y_1} & \frac{\partial x_2}{\partial y_2} \end{pmatrix} \\
&= \frac{1}{2\pi}\exp\{-\frac{1}{2}(y_1^2 + y_2^2)\}\left(-y_1\frac{1}{1+\frac{y_2^2}{y_1^2}}\frac{1}{y_1} - y_2\frac{1}{1+\frac{y_2^2}{y_1^2}}\frac{y_2}{y_1^2}\right) \\
&= -\frac{1}{2\pi}\exp\{-\frac{1}{2}(y_1^2 + y_2^2)\} \\
&= -\left[\frac{1}{\sqrt{2\pi}}\exp(-\frac{1}{2}y_1^2)\right]\cdot\left[\frac{1}{\sqrt{2\pi}}\exp(-\frac{1}{2}y_2^2)\right].
\end{aligned}$$

Damit ist $\left|\frac{\partial(x_1,x_2)}{\partial(y_1,y_2)}\right|$ die Dichte der Standard-Normalverteilung im $\mathbb{R}^2$ von zwei unabhängigen Zufallsvariablen, d.h. $Y = h(X) \sim \mathcal{N}(0,1)$. In Tabelle 5 wird der Algorithmus von Box-Muller noch einmal zusammengefasst.

4.4 Ein Beispiel zu Monte-Carlo-Simulation

Man betrachte das Portfolio im Beispiel zur historischen Simulation[42]. Es soll VaR(0,1, 0.01) berechnet werden. Für die Kursentwicklung sei die geometrische Brownsche Bewegung

---

[41]Vgl. [9] Seydel, R. (2000), S. 45-46.
[42]Siehe dazu Tabelle 2 auf S. 8.

angenommen. Das betrachtete Zeitintervall $[0, 1]$ sei in 300 Teilintervalle zerlegt, d.h. $\triangle t = \frac{1}{300}$. Die Mittelwerte μ_j und Varianzen σ_j^2 werden mittels gleitender Durchschnitte mit Faktor $M = 60$ ermittelt.

Die Transformation der unabhängigen und unkorrelierten Zufallszahlen in korrelierte wird mit Hilfe der Cholesky-Zerlegung der Korrelationsmatrix der Kursrenditen durchgeführt (Tabelle 5).

Tabelle 5: *Cholesky-Zerlegung der Korrelationsmatrix*

Korrelationsmatrix				Cholesky-Zerlegung		
	BASF	Bayer	Allianz		BASF	Bayer	Allianz
BASF	1,00	0,76	0,54	BASF	1,00	0,00	0,00
Bayer	0,76	1,00	0,41	Bayer	0,76	0,64	0,00
Allianz	0,54	0,41	1,00	Allianz	0,54	-0,01	0,84

Für jede Aktie werden in einem Ablauf 300 Zufallszahlen erzeugt und damit ein Pfad der Kursentwicklung simuliert. In Abbildung 4 sind 5 solche Zufallspfade für die Aktie der BASF AG dargestellt. Am Ende eines jeden Pfades ergibt sich ein potentieller Aktienkurs zum Zeitpunkt $T = 1$, der in die Berechnung des potentiellen Portfoliowertes und der Portfolio-Wertänderung $\pi_{0,T}$ eingeht. Nach $K = 10000$ Wiederholungen ergeben sich

Abbildung 4: *5 Zufallspfade für die Kursentwicklung der BASF-Aktie mit $S_0 = 488, 40$ DM und $\triangle t = 1/300$*

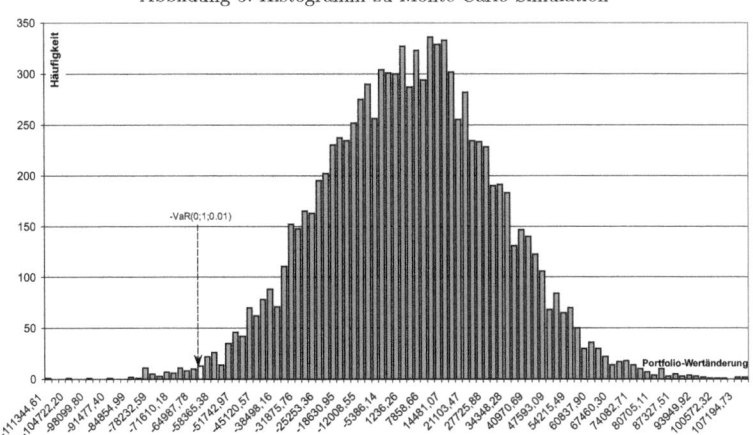

Abbildung 5: *Histogramm zu Monte-Carlo-Simulation*

potentielle Wertänderungen, die im Histogramm 7 abgebildet sind. Der VaR beträgt

$$VaR(0, 1, 0.01) = 60.792, 29DM.$$

Die üblichen Statistiken, die die Simulation liefert, sind in Tabelle 6 aufgeführt. Die erzeugte

Tabelle 6: *Statistiken der Portfolio-Wertänderungen (Monte Carlo)*

Minimum, %	-5.09	Standardab., %	1.22	0.75-Quantil,%	0.94
Maximum, %	3.32	0.25-Quantil, %	-0.74	Schiefe	-0.11
Mittelwert, %	0.10	0.5-Quantil, %	0.11	Kurtosis	-0.15

Verteilung ist linksschief (Schiefe < 0). Im Gegensatz zur historischen Simulation ist der Kurtosiskoeffizient negativ[43], was darauf hindeutet, daß mehr Wahrscheinlichkeitsmasse in den Bereichen zwischen Mitte und Rand vorhanden ist, d.h. die Verteilung ist relativ „flach"[44].

4.5 Vor- und Nachteile der Monte-Carlo-Simulation

Zu den Stärken der Monte-Carlo-Simulation zählen[45]:

- Die Methode ist sehr flexibel bezüglich der Verteilungsannahmen. Sie hat daher keine Probleme mit Wertentwicklungen, die nicht normalverteilt sind.

---

[43]Siehe dazu Tabelle 3 auf S. 10.
[44]Vgl. [8] Read, O. (1998), S. 10.
[45]Vgl. [2] Dowd, K. (1998), S. 108, 118 ; [5] Jorion, P. (2001), S. 225 ; [7] Rachev, S. (2000), S. 482.

- Sie ist für jede Art von Finanzpositionen geeignet, auch für komplexe und exotische, für die keine analytische Lösung existiert.

- Der VaR wird an Hand einer simulierten Verteilung berechnet. Dieselbe Verteilung kann eine Reihe von anderen Statistiken liefern, z.b. VaR zu den alternativen Konfidenzniveaus, Schiefe- und Kurtosismaße.

Die Komplexität der Prozesse, die bei der Monte-Carlo-Simulation laufen, erzeugt auch Probleme[46]:

- Die Monte-Carlo-Methode ist sehr rechenintensiv und zeitaufwendig, besonders wenn eine hohe Genauigkeit der Wahrscheinlichkeitsverteilung der Portfolio-Wertänderung verlangt ist.

- Die Ergebnisse sind von den gewählten Modellen und stochastischen Prozessen abhängig (*Modellrisiko*). Es besteht die Gefahr, daß unrealistische Szenarien erzeugt werden.

- Die Methode ist nicht intuitiv und stellt hohe intellektuelle Anforderungen an das Risikomanagement. Die technische Implementierung ist komplex und verlangt beträchtliche finanzielle Investitionen.

5 Zusammenfassung

Simulationsmethoden sind numerische Methoden, die den VaR aus der simulierten Verteilung der Portfolio-Wertänderungen berechnen. Die historische Simulation benutzt dabei historisch observierte Werte der Risikofaktoren und ist somit nicht an jegliche Verteilungsannahmen (wie z.B. Normalverteilung) gebunden. Eine ernste Einschränkung bei dieser Methode bildet aber die Annahme, daß die zukünftigen Wertänderungen dieselben sind wie die in der Vergangenheit. Bei der Monte-Carlo-Simulation werden künstlich generierte zufällige Werte der Risikofaktoren benutzt. Das macht die Methode zwar sehr flexibel bezüglich der Verteilungesannahmen, aber auch ziemlich rechenintensiv.

Die Simulationsmethoden können bei allen Typen von Finanzpositionen und Marktrisiken eingesetzt werden. Sie bilden dadurch ein nützliches und weit verbreitetes Instrument zur Berechnung des Value at Risk.

---

[46]Vgl. [2] Dowd, K. (1998), S. 114, 118 ; [5] Jorion, P. (2001), S. 226 ; [7] Rachev, S. (2000), S. 482.

Literatur

[1] Best, Philip (1998). *Implementing Value at Risk*. Wiley, Chichester [u.a.].

[2] Dowd, Kevin (1998). *Beyond Value at Risk: The New Science of Risk Management*. Wiley, Chichester [u.a.].

[3] Härtel, Frank (1994). *Zufallszahlen für Simulationsmodelle*. Diss., Hochschule St. Gallen für Wirtschafts-, Rechts- und Sozialwissenschaften.

[4] Huschens, Stefan (2000). Value-at-Risk-Berechnung durch historische Simulation. In *Dresdner Beiträge zu quantitativen Verfahren*, Nr. 30/00. Zugriff am 20.08.2002, <www.tu-dresden.de/wwqvs/VaR/varhist.pdf>.

[5] Jorion, Philippe (2001). *Value at Risk: The New Benchmark for Managing Financial Risk*. 2. Aufl., McGraw-Hill, New York [u.a.].

[6] Picoult, Evan (1997). Calculating Value-at-Risk with Monte Carlo Simulation. In *Risk Management for Financial Institutions: Advances in Measurement and Control*. Gardner, ed., Risk Publications, London.

[7] Rachev, Svetlozar T. und Mittnik, Stefan (2000). *Stable Paretian Models in Finance*. Wiley, Chichester [u.a.].

[8] Read, Oliver (1998). *Parametrische Modelle zur Ermittlung des Value at Risk*. Diss., Universität zu Köln.

[9] Seydel, Rüdiger (2000). *Einführung in die numerische Berechnung von Finanzderivaten*. Springer, Berlin [u.a.].

Sonstige Quellen

<www.uni-koeln.de/wiso-fak/wisostatsem/hauptstudium/dax.xls>, Zugriff am 10.07.2002.